综合气象观测技术保障培训系列教材

# 台风过程天气雷达应急保障手册

主　编：敖振浪

副主编：雷卫延　林金田

## 内容简介

本书对台风过程中和台风前后，可能涉及区域的天气雷达技术保障应急预案进行明确规范。重点规范了行动原则、组织机构、职责任务分工、应急处置流程、临台应急检查检测项目内容和检查方法以及台风过后总结等要求，细化了所需充分准备的车辆、工具、雷达备件、安全物资、生活物品等内容和数量。确保台风过程中人员到位、物资到位、应急方法得当、保障有力高效，最大限度地发挥天气雷达在台风探测中的重要作用。可用于气象探测及装备保障人员的岗位培训教材，也可供雷达业务工作者的参考用书。

**图书在版编目(CIP)数据**

台风过程天气雷达应急保障手册 / 敖振浪主编. —北京 ：气象出版社，2017.12

ISBN 978-7-5029-6361-3

Ⅰ. ①台…　Ⅱ. ①敖…　Ⅲ. ①天气雷达-应用-台风-天气过程-应急系统-手册　Ⅳ. ①P458.1－62

中国版本图书馆 CIP 数据核字(2018)第 006686 号

Taifeng Guocheng Tianqi Leida Yingji Baozhang Shouce

**台风过程天气雷达应急保障手册**

敖振浪　主编

---

**出版发行：**气象出版社

**地　　址：**北京市海淀区中关村南大街 46 号　　**邮政编码：**100081

**电　　话：**010-68407112(总编室)　010-68408042(发行部)

**网　　址：**http://www.qxcbs.com　　**E-mail：** qxcbs@cma.gov.cn

**责任编辑：**刘瑞婷　张锐锐　　**终　　审：**吴晓鹏

**责任校对：**王丽梅　　**责任技编：**赵相宁

**封面设计：**易普锐创意

**印　　刷：**北京建宏印刷有限公司

**开　　本：**787 mm×1092 mm　1/16　　**印　　张：**2.75

**字　　数：**40 千字

**版　　次：**2017 年 12 月第 1 版　　**印　　次：**2017 年 12 月第 1 次印刷

**定　　价：**18.00 元

---

本书如存在文字不清、漏印以及缺页、倒页、脱页等，请与本社发行部联系调换。

# 编委会

# 序

我国是气象灾害频发、危害严重地区，台风、暴雨和强对流天气等自然灾害及其产生的次生、衍生灾害连年不断，平均每年因受气象灾害造成的损失约占国民生产总产值的1%～3%。为了提高气象监测预警能力，更好地服务于国家防灾减灾、经济建设、社会发展和人民生活，《我国新一代天气雷达发展规划(1994—2010年)》提出了建设我国新一代天气雷达网具体目标和措施；《全国气象事业发展规划(1996—2010年)》明确指出，要"建成以我国新一代天气雷达为主体的全国天气雷达监测网，对台风、强降水等灾害性天气进行有效的监测和预警"，进一步提高我国对灾害性天气的监测预警能力，为经济社会建设服务。

经过近三十年的发展，我国气象现代化建设取得了丰硕成果。先后建成了由180多部新一代天气雷达组成的雷达探测网，结合基本形成的风廓线雷达探测网、自动站探测网和GPS/MET大气水汽观测网等，全面实现高空立体监测。同时建立了综合观测业务各类装备运行监控系统和气象技术装备保障体系。

大量各种各样气象探测设备建成和应用，尤其是新一代天气雷达系统能否稳定可靠地运行，准确获取气象资料，技术保障工作至关重要。为了管理和维护好新一代天气雷达探测网，发挥其在气象预警预报、服务、科研和防灾减灾工作中的重要作用，发挥投资效益，需要广大气象装备技术保障人员切实做好维护保障工作。做好维护保障工作离不开一支高素质的人才队伍。为了适应这一需要，广东省气象探测数据中心组织雷达业务管理和装备保障领域的专家以及一线技术骨干组成编写组，在总结业务管理和技术保障的实践经验基础上，编写成《台风过程天气雷达应急保障手册》，作为综合气象观测业务培训涉及业务规范、手册类的重要教材内容之一，纳入《综合气象观测技术保障培训系列教材》。

教材集中了气象装备保障一线的维修维护、业务管理、科研、设计、生产领域相关技术人员和专家的智慧，是编写组成员付出大量辛勤劳动的结晶。教材内容深入浅出，理论联系实际，既有较高的理论水平，又有很强的实用性。有助于保障人员快速了解和掌握台风过程的雷达保障工作的应急处理方法，也是综合气象观测人员一本不可多得的实用工具书。

期待并相信这套系列教材能够对气象探测及装备保障人员的上岗培训及实际业务工作具有较好的参考价值，培养出一批高素质高水平的综合气象观测方面的人才，快速、高效、高质量地完成气象装备保障任务，为率先实现气象现代化做出积极贡献。

许永锞

2016年3月

# 前　　言

在西北太平洋和南海海面形成且具有暖心结构的热带气旋当强度达到一定标准时，传统上称之为台风。它具有发生频率高、影响范围广、突发性强、破坏力大的特点，常见的灾害现象包括大风、巨浪、暴雨、暴潮以及引发的次生灾害，如洪涝、崩塌、山体滑坡和泥石流等。台风登陆会导致大批房屋、建筑被毁，城镇、农田受淹，电力、交通、通信中断，造成大量人员伤亡和财产损失。

广东省是我国受台风外围风雨影响和台风登陆最多的省份。据统计，2010 年至 2014 年 8 月底，全省每年受台风影响和登陆的数量平均为 7 个，其造成的经济损失约占全省全年自然灾害损失总值的 60%。以 2013 年第 19 号强台风"天兔"为例，造成全省 356.3 万人受灾，因灾死亡 25 人，紧急转移安置 22.6 万人，倒塌和严重损坏房屋 7100 余间，直接经济损失 32.4 亿元人民币。由台风引发的各种灾害严重影响人民群众的生命财产安全。因此，能否及时、准确地对台风的强度、速度和路径进行预测，最大限度地降低台风天气过程带来的社会影响，已成为气象预报及防灾减灾工作中一项重要的课题。

广东省已建成 12 部新一代多普勒天气雷达，探测范围覆盖了珠三角、粤北、粤东、粤西地区，组成相互衔接的雷达监测网，实现了全省雷达的同步运行与数据处理。其衍生的产品包括单站雷达图、全省拼图、泛华南拼图等，通过全方位、多角度地对大尺度风场以及对流单体进行探测和成像，形成丰富的监测和预警产品，在台风临近预报和防汛抗洪中发挥着重要的作用。

新一代多普勒天气雷达独特的监测、预警功能，在气象预报、灾害性天气预报中发挥重要作用，但由于设备本身维护条件的限制，使其技术保障工作需要建立在一定的规范之上。特别是在台风天气过程期间，甚至是交通中断、通信中断的情况下，各级业务和保障部门职责和任务如何分工，如何合理组织协调保障工作，如何启动应急响应措施，如何进行雷达和通信系统的全面检查，如何提供远程和现场技术支持，如何保障天气雷达的正常开机运作，成为本方案讨论的重点。

本手册主要参考了中国气象局和广东省气象局业务管理文件、其他气象应急预案、设备厂家技术资料等有关资料编写而成的。由于取材广泛，难以一一列出原作者，在此一并表示感谢！编写过程还得到了部分市县局业务管理及技术人员的大力支持和帮助，在此表示衷心感谢！

由于编写人员技术能力有限，时间仓促，疏漏及错误在所难免，敬请广大读者批评指正。

编　者

2016 年 3 月

# 目　录

# 第1章　目的和意义

编写《台风过程天气雷达应急保障工作手册》，目的是建立应急处理工作预案，结合广东省地理位置及气候特点，从指导思想、行动原则、台风灾害应急、指挥机构、职责、通信、车辆、工具、物资准备及临台应急措施、灾后应急行动预案等方面有针对性做好安排，以便在台风灾害发生时迅速做好天气雷达的保障，确保设备正常运行。一旦发生雷达故障时，能够在最短的时间内，科学合理应对，及时修复设备，最大限度地发挥天气雷达在台风探测中的重要作用。

# 第2章　职责与任务

## 2.1　省级

省气象局(以下简称“省局”)启动气象灾害台风应急响应,省级业务管理部门做好相关组织保障工作。

省局启动气象灾害台风应急响应,省级技术保障部门通过大气探测设备全网监控平台、广东省气象局业务网、电话等手段对全省新一代天气雷达运行状况进行全面检查,根据需要及时向台站提供远程技术支持;清点省级雷达备件清单,准备应急保障器材;省级技术人员赶赴台站进行现场保障,协调厂家派技术人员参与。

台风过程结束后,省级技术保障部门组织相关人员对雷达及附属设备进行全面检查,确保设备性能完好;对台风技术保障工作进行总结,并向业务主管部门汇报。

## 2.2　市局

省局启动气象灾害台风应急响应,市气象局(以下简称“市局”)业务主管领导部署雷达应急保障工作,落实人员,调配车辆,做好物资储备工作,及时与上级部门沟通,做好应急保障准备工作。

## 2.3　雷达站

雷达站根据台风路径预报的影响范围提前进入应急状态,增配值班人员,维护、测试雷达及附属设备,核对雷达备件,巡查站内环境,储备应急物资,及时向省级技术保障部门(值班电话:020-87671176)报告应急保障情况,与雷达厂家(值班电话:010-62981243)保持沟通。

# 第3章　应急处置流程

## 3.1　适用范围

(1)时间范围。始于省局启动气象灾害台风应急响应,止于省局结束气象灾害台风应急响应。

(2)涉及部门。省级业务管理部门、省级技术保障部门、市局业务管理部门、雷达站等。

(3)涉及人员。业务管理人员、技术保障人员、台站值班人员、后勤保障人员和其他人员。

(4)适用设备。新一代天气雷达(型号:CINRAD/SA),其他重大设备可参照此方案。

(5)在汛期强对流天气系统发生时,可参照执行以上(1)～(4)的适用范围。

## 3.2 流程框图

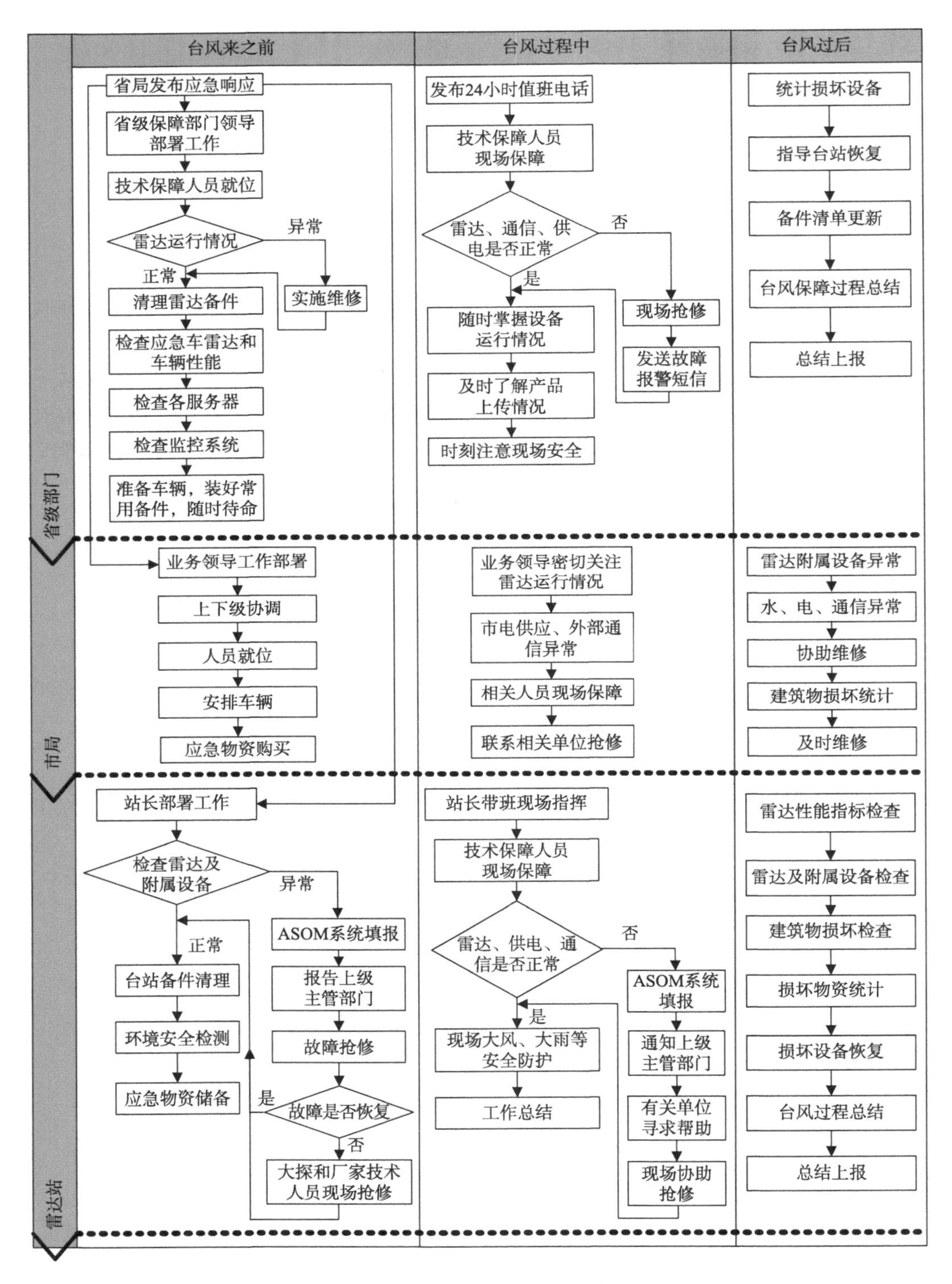


图 3-1　台风过程天气雷达应急保障流程图

# 第4章 应急处置措施

根据省局台风路径预报可能会对雷达覆盖区域造成严重影响的相关雷达站(依据台风实际路径进行调整),提前完成各方面的准备工作。

## 4.1 人员配置、车辆

省局启动气象灾害台风应急响应,省级技术保障部门、市局、雷达站人员及时到位,同时省局、市局临时组织应急保障队伍和配备应急车辆,随时应对突发事件。

省级技术保障部门:省局启动气象灾害台风应急响应后,及时发布24小时值班电话;2名技术保障人员待命;对应急雷达车进行检查并准备就绪;常用备件与仪表装好车;Ⅱ级及以上响应启动后及时赶赴台站现场保障。

雷达站:人员就位,站长带班进行现场指挥,技术保障人员和后勤保障人员就位,市局须调配1辆以上专用应急车辆,汽车加满油,进行全面的车辆安全检查。车辆上应配备安全帽,防护绳等应急用品,做好出现险情后的紧急救援工作。

## 4.2 雷达性能指标检查

雷达站每日填写雷达整机性能参数在线检查记录表(见附录5)。

### 4.2.1 发射机峰值功率

指标要求:脉冲峰值功率≥650 kW。检查方法参考附录7.1。

### 4.2.2 噪声温度/噪声系数

指标要求:接收机噪声系数≤4.0 dB,噪声温度≤400 K。检查方法参考附录7.2。

### 4.2.3 系统相干性

指标要求:S波段CINRAD雷达系统相位噪声≤0.15°。检查方法参考附录7.3。

### 4.2.4 回波强度定标

指标要求:回波强度测量值与注入信号计算回波强度测量值的最大差值应在±1 dB范围内。检查方法参考附录7.4。

### 4.2.5 动态范围

指标要求：接收系统的动态范围≥85 dB，拟合直线斜率应在1±0.015范围内，线性拟合均方根误差≤0.5 dB。检查方法参考附录7.5。

### 4.2.6 雷达波束指向定标

指标要求：雷达波束指向定标误差≤0.3°。检查方法参考附录7.6。

## 4.3 雷达系统计算机及网络检查

### 4.3.1 省级技术保障部门检查项目

1. 大气探测设备全网监控平台检查

检查大气探测设备全网监控平台（http://172.22.1.115）能否正常登录。通过雷达监控界面检查各雷达运行是否正常，并检查最新状态信息的时间、发射机功率、syscal值等雷达参数，发现异常情况时及时联系台站配合排除故障。

2. 预警信息发布平台检查

测试手机预警短信发布平台是否正常，检查配置文件，查看报警短信发送手机号码列表是否准确、全面。避免错发、漏发给相关的业务分管领导和基层台站管理人员。

3. 业务网雷达gif图检查

检查广东省气象局业务网（http://10.148.8.228）里面的“综合观测/遥感遥测/天气雷达”菜单下的各种雷达产品是否正常。包括基本反射率（R19、1.5°仰角）、基本速度（V27、1.5°仰角）、VAD风廓线（VWP48）、基本反射率（R20、0.5°）等4种单站的产品，和3千米CAPPI拼图、垂直积分含水量、一小时累计降水、低仰角反射率因子、组合反射率因子等5个区域拼图产品。如发现服务器没有存储台站的最新产品，及时联系雷达站检查相关产品是否正常生成、是否正常传输；如发现服务器有最新产品，但未显示出来，及时联系网站开发人员排除网站程序故障或者FTP服务器故障。

4. ASOM系统检查

检查ASOM系统（http://10.1.64.39:7001）是否正常工作。记录、检查负载均衡的其他可用IP地址（如http://10.1.64.24:7001、http://10.1.64.25:7001等）是否正常工作。确保ASOM系统维护或者故障时，及时通知雷达台站和省局相关管理部门起用其他IP地址访问。

5. 资料传输服务器和监控系统检查

检查雷达资料传输服务器（http://10.148.72.30）的运行情况。主要包括服务器系统日志、存储空间、服务软件运行情况等。

检查广东省气象局业务网里面的传输质量—广东省气象信息中心—资料传输监控系统（http://172.22.1.69:8080/gdzljk/Welcome.jsp? name=qxxxssjs）是否正常工作。发现异常及时处理。

6．备份服务器检查

检查雷达业务相关的各个备份服务器运行情况。主要包括服务器系统日志、存储空间、服务软件运行情况等。

7．机房环境检查

检查机房环境温度、湿度是否满足要求。

### 4.3.2　雷达站检查项目

雷达站每日填写雷达系统计算机及网络在线检查记录表（见附录6）。

1．业务计算机系统日志

主要检查RDA、RPG、PUP等业务计算机系统日志情况。检查方法参考附录8.1。

2．业务计算机存储空间

建议使用命令查看，避免图形界面查看时由于文件数目过大，操作系统出现无响应的假死症状。

发现文件数目过多、占用磁盘空间过大或者剩余可用磁盘空间过小时，及时备份和删除文件。

检查方法参考附录8.2。

3．业务软件运行情况

检查RDASC的时间同步设置、宽带连接设置、同步扫描设置、samba服务等是否正常。

检查UCP站点信息设置、宽带连接配置文件（wbcomm.ini）、窄带连接配置文件（nbcomm.ini）等是否正常。基数据上传软件不在RPG计算机的，检查相应共享设置是否正常。检查RPG计算机时间同步功能是否正常。

检查PUP产品用户设置，包括考核的21种产品和上传省局内网的gif图，确保正常生成21种考核产品和gif图。检查窄带连接配置文件（nbcomm.ini）是否正常。产品上传软件或者gif图上传软件不在PUP计算机的，检查相应共享设置是否正常。检查PUP计算机时间同步功能是否正常。

检查考核资料上传软件（rpgcd、pupc、rscts为例），主要包括服务器地址、端口、用户名、密码、源路径、主服务器路径、时间间隔、站点信息等。检查程序安装目录、源目录的文件数量和占用磁盘空间。检查程序日志，查看资料传输是否正常。检查方法参考附录8.3。

检查拼图产品上传软件（trad为例），主要包括站点信息、时钟、上传代码、资料路径、服务器IP、用户名、密码、上传目录、计划任务设置等。

检查省局监控软件，进入大气探测设备全网监控平台（http://172.22.1.115）查看是否正常。

检查业务网gif图，进入广东省气象局业务网（http://10.148.8.228）里面的“综合观测/遥感遥测/天气雷达”菜单下检查各种雷达产品是否正常。

检查ASOM系统（http://10.1.64.39:7001）是否能正常使用。检查负载均衡的其他可用IP地址（如http://10.1.64.24:7001、http://10.1.64.25:7001等）是否可用。

检查本站特有的监控、报警系统运行情况。

4．网络检查

主要包括检查站内局域网交换机/路由器工作状态、雷达资料上传路径的路由状态、网络连接质量等。

本机网络连接信息检查：包括网卡 MAC 地址、IP 地址、子网掩码、缺省路由、DNS 服务器等。

检查方法参考附录 8.4。

5. 备份计算机和网络检查

检查 RDA 备份硬盘存放情况，有条件的台站建议把备份硬盘接入计算机开机运行检查。

检查备份 RPG 和 PUP 计算机。主要包括系统日志、存储空间、UCP(或 PUP)软件运行情况、UCP(或 PUP)软件设置和配置文件等。

检查备份网络是否正常。

## 4.4 柴油机检查

台风过程伴随着强风暴雨，经常造成市电中断，为确保雷达正常运行，提前对柴油发电机进行检查和维护尤为重要。

### 4.4.1 人工开关机步骤

1. 开机步骤

(1)油机配电机柜总开关断开(供电开关置“OFF”)。

(2)打开所有门窗，检查空调、排气扇工作效果，保持机房通风散热系统正常。

(3)检查油机水箱冷却液水位。如果过低应注入蒸馏水并适量添加水箱宝保护液。

(4)检查油机机油是否正常。主要看油颜色、油位高低、手摸油黏膜度。

(5)轻按显示面板“ON”键，运行 ATS 监控系统。

(6)检查油机静态参数(按面板“油机图标”)。检查油量、水温、电池电平，一般要求油量>80%，水温<60℃，电池电平>12 V。

(7)启动油机(轻按显示面板“AUTO”键)。观察油机工作是否正常(油机转速应保持 1560 转/时左右)。

(8)油机供电开关置“ON”位置，打开配电机柜总开关。

(9)检查油机动态参数。轻按显示面板“U”和“I”键，查看带负载能力，一般电压>380 V，各个站的输出电压调节板设置有所差异，数值有所不同；电流以 30～150 A 为宜，负载频率为 50 Hz。

(10)必要时手工控制系统打开百叶窗。

2. 关机步骤

(1)待油机空载运行 1～3 分钟后，轻按显示面板“STOP”键，油机的自动状态转换为手动关机状态并停车。

(2)油机供电开关置“OFF”位置。

(3)待油机冷却后，关闭各个门窗。

(4)手工控制系统关闭百叶窗。

### 4.4.2 台风前检查事项

(1)自启动检查。重点测试油机能否正常自动启动,输出参数是否符合要求,留意有无异响、有无报警,并带负载运行检查。每次热机30分钟以上。测试方法:人为关断市电,带负载进行测试,查看发电机能否自动启动。

(2)水箱检查。检查冷却液水位是否到位,一般要求水位不能低于箱口10 cm,水箱加水时必须添加蒸馏水,不允许添加自来水,适量添加水箱宝保护液(最简单方法是用检测工具接触冷却液液面看看是否符合要求)。注意查看有没有漏水现象、有没有锈斑等。各站应储备蒸馏水两桶(每桶5 L)。

(3)皮带检查。查看水箱散热风机的皮带有无断裂、磨损、松动打滑等现象。

(4)蓄电池检查。蓄电池静态容量电平在12 V以上,启动油机动态压降不超过3 V,即电池的瞬间电平不低于10 V;再查看电解液情况(一般液面在最高和最低两刻度线之间),过低要添加电解液,免维护电池除外;各站储备备份电池1个、电解液2瓶。

(5)燃油检查。柴油储备量满足雷达连续运行48小时以上,据经验估算,SDMO150型发电机油箱满载(大概180 L)、另备两桶(每桶220 L)即可满足要求。

(6)线路检查。检查配电开关接触是否良好、油机输出线路是否完好,有无老化、裸露现象,是否有鼠咬痕迹。

(7)工具检查。检查常用、专用工具是否到位。

(8)日志检查。查看历史热机记录,维护记录,性能参数记录,特别是查看三滤(柴油滤清器、机油滤清器、空气滤清器)更换时间,一般要求使用周期不超过2年或累积运行不超过500小时。

## 4.5 UPS检查

台风天气来临前需要对UPS进行全面检查,带负载放电测试时间大于10分钟。

(1)UPS自动切换功能检查。通过控制稳压器通断模拟UPS的市电输入,观察UPS能否进行自动切换。

(2)功能检查。操作UPS控制面板上的各个功能键,查看功能菜单是否可用(针对整流、逆变、报警、复位等)。

(3)输出参数检查。操作UPS控制面板上的功能键,查看电压、电流、频率参数(一般电压为(380±5)V,频率50 Hz,电流几十安)。

(4)带负载检查。手动关闭市电,让UPS单独给雷达供电,检查系统的带负载能力,一般要求大于30分钟。

(5)电池性能检查。如果UPS带负载能力下降,可能是UPS电池性能下降。判断电池好坏的方法有:①用电池容量测试仪在线逐一测量电池内阻,内阻超过10 mΩ的电池需要更换;②雷达正常运行,让UPS电池充分放电,在UPS接近报警状态时,关闭雷达,用数字万用表逐一测量电池电压,低于10 V的电池需要更换。

(6)备用电池检查。一般站上储备3~5个UPS专用免维护电池。

(7)维护日志检查。查看历史维修记录、维护记录、性能参数记录等。

## 4.6 市电线路检查

1. 高压线路检查

(1)查看变压器有无渗漏油的现象。

(2)查看变压器的接线端子有无接触不良、过热现象。

(3)变压器运行时声音是否正常。正常运行时有均匀的嗡嗡电磁声,如内部有噼啪的放电声则可能是绕组绝缘的击穿现象;如出现不均匀的电磁声,可能是铁芯的穿芯螺栓或螺母有松动。

(4)查看变压器的外壳接地是否良好;防雷接地是否良好。

(5)室内变压器,重点检查门窗是否完好,检查百叶窗铁丝纱是否完整;排气扇是否工作正常。

(6)查看高压保险是否完好,有无跳火现象。

2. 低压线路检查

(1)检查低压配电房线路有无老化、破损等现象。

(2)检查开关接触是否良好、接线有无松动。

(3)查看地线(包括设备地、防雷地)连接是否完好。

(4)应急联系电话:雷达站备有高压专线管理人员和专线所属供电所的办公应急电话,号码有效。

## 4.7 备件检查清点

按照《新一代天气雷达业务管理和运行保障职责》和《新一代天气雷达备件清单》的通知要求,省级技术保障部门配备省级备件库,各雷达站配备站级备件库。

省级技术保障部门:对省一级的备件库进行清点,备件清单做成电子版并打印,及时更新,收到台站备件请求时第一时间给予响应,不能提供支持则及时联系周边台站调配或联系厂家支援,力争在最短时间内为台站解决备件问题。

雷达站:对备件库的管理专人专管,台风来临前,台站对所有备件及维修工具进行一次全面清点,及时更新库存清单,打印备案,以备急需。所有仪器仪表通电检查,确保正常使用。

## 4.8 环境检查

(1)巡查雷达机房、值班室、档案室、备件室、网络机房、发电机房等关键区域,有无漏水、渗水、破损等现象,提前做好防御措施。

(2)检查雷达机房温度、湿度是否符合要求(温度<22℃,相对湿度<80%),机房内空调、抽湿机、排气扇等是否正常工作。

(3)巡查每栋建筑物外墙是否有松动现象,必要时对四周悬挂物(如雨棚、电视卫星接收天线、挂灯、射灯等)进行加固或拆除,防止脱落。

(4)巡查建筑物的排水系统是否顺畅。

(5)检查所有窗体、门体有无松动、破损现象，检查锁具是否牢靠，窗铰是否损坏，螺丝是否变形脱落，玻璃胶是否老化，并紧固所有门窗。

(6)用沙袋或者用木条、木板、铁丝等对玻璃幕墙活动门进行加固，防止晃动。有大片玻璃的门窗用透明胶布粘贴成“十”字形，防止玻璃破损散落时对人或物造成二次伤害。

(7)检查雷达站内灭火器、气体消防等消防设施是否在有效期内。灭火器的维修及报废期限见表4-1。

**表4-1　灭火器的维修及报废期限表**

| 灭火器类型 | | 维修期限 | 报废期限 |
|---|---|---|---|
| 水基型灭火器 | 手提式 | 出厂期满3年，首次维修以后每满1年 | 6年 |
| | 推车式 | | |
| 干粉灭火器 | 手提式(贮压式) | 出厂期满5年，首次维修以后每满2年 | 10年 |
| | 手提式(储气瓶式) | | |
| | 推车式(贮压式) | | |
| | 推车式(储气瓶式) | | |
| 气体灭火器 | 手提式二氧化碳灭火器 | 出厂期满5年，首次维修以后每满2年 | 12年 |
| | 推车式二氧化碳灭火器 | | |

(8)检查视频监控系统的显示功能、录像功能是否正常，对室外摄像头进行紧固。

(9)对站内的其他设备(如电梯)进行巡查。

## 4.9　室外附属设备检查

(1)查看避雷针是否变形，避雷带是否断裂，等电位连接端子和防雷检测端子是否松动、断裂、锈蚀等。

(2)查看电源避雷器性能指示灯；查看避雷器测试按钮工作是否正常；查看避雷器雷击计数器的过电压次数。

(3)检查空调的各项功能是否正常，检查空调主机滤尘网，确保空调正常运行。

(4)检查空调外机支架、空调外机保护罩、空调线管有无松动现象，必要时对其加固。

(5)检查雷达站内其他附属设施是否存在安全隐患，如路灯、垃圾筒、宣传栏、指示牌、绿化树、盆栽等。

## 4.10　安全用品和生活必需品

台风来临前要对可能发生的灾情、险情等做好充分的预估与准备，首先要确保台站技术保障人员的人身安全，其次要做好台风期间的生活保障工作。

为防止台风期间台站通信中断，台风来临前，省级技术保障部门携带至少一部卫星电话到雷达站并准备就绪。

新一代天气雷达站大多数处于偏远山区或沿海地区，台风期间遭受灾害的概率及程度都比一般建筑物要大得多，因此，台站按照最坏的情况做好安全用品及生活用品的储备。本方案的应急物资根据台风期间台站最少工作人员（一般为 7 人：省级技术保障部门和厂家技术人员 3 人，台站技术保障人员 2 人，后勤保障人员 2 人）进行估算。

### 4.10.1 安全用品

安全用品见表 4-2。

**表 4-2 安全用品**

| 序号 | 名称 | 数量 | 用途 |
|---|---|---|---|
| 1 | 安全帽 | 7 顶 | 保护头部，防止砸伤 |
| 2 | 雨衣、雨鞋 | 7 套 | 防雨 |
| 3 | 全身式安全带 | 7 条 | 室外工作时保障人身安全 |
| 4 | 安全绳 | 若干 | 逃生或室外工作时使用 |
| 5 | 防坠制动器 | 7 个 | 逃生时使用 |
| 6 | 绝缘手套 | 7 套 | 强电操作时使用 |
| 7 | 多功能救生锤 | 若干 | 逃生时使用 |
| 8 | 应急灯 | 7 个 | 应急照明使用 |
| 9 | 其他安全用品 | 若干 | 根据站情 |

### 4.10.2 生活用品

雷达站上储备的生活必需品至少要能够满足 7 名工作人员 3 天的基本生活需求（表 4-3）。

**表 4-3 生活用品**

| 名称 | 数量 | 备注 |
|---|---|---|
| 食品储备 | 按 7 人 3 天量储备 | 方便面、牛奶、火腿肠、饮用水等，如果台站有厨房可考虑购置柴、米、油、盐、时蔬等 |
| 应急药品 | 若干 | 感冒药、肠胃药、跌打药、外用药（碘酒、紫药水、创可贴、清凉油、医药纱布等）、防蚊虫药等 |
| 洗漱用品 | 若干 | |
| 床单被褥 | 若干 | |

## 4.11 总结上报

台风来临前，雷达站按要求填写台风来临前准备工作填报表（见附录 2），并上报省级业务保障部门。

台风过程中，雷达站按要求填写台风过程工作填报表（见附录 3），并上报省级业务保障部门。

台风过程后，雷达站按要求填写台风过后总结填报表（见附录 4），并上报省级业务保障部门。

# 第5章　组织保障

省级业务管理部门负责台风过程天气雷达应急保障的管理工作。

省级业务保障部门负责台风过程天气雷达应急保障的技术指导及现场保障工作。

雷达站负责台风过程天气雷达应急保障的具体工作。

雷达业务相关人员名单及联系方式见附录1。

# 参考文献

北京敏视达雷达有限公司,2001.中国新一代多普勒天气雷达 CINRAD/SA 用户手册(上)[G].北京:北京敏视达雷达有限公司.

北京敏视达雷达有限公司,2001.中国新一代多普勒天气雷达 CINRAD/SA 用户手册(中)[G].北京:北京敏视达雷达有限公司.

北京敏视达雷达有限公司,2001.中国新一代多普勒天气雷达 CINRAD/SA 用户手册(下)[G].北京:北京敏视达雷达有限公司.

广东省气象局,2006.广东省气象局汛期天气雷达工作预案[G].广州:广东省气象局.

中国气象局,2002.新一代天气雷达观测规定[G].北京:中国气象局.

中国气象局,2005.新一代天气雷达业务管理和运行保障职责[G].北京:中国气象局.

中国气象局,2010.综合气象观测系统运行监控业务职责流程(试行)[G].北京:中国气象局.

中国气象局,2011.新一代天气雷达业务质量考核办法(试行)[G].北京:中国气象局.

# 附录1　雷达业务相关人员联系名单

| 单位 | 姓名 | 办公电话 |
|---|---|---|
| 省局观测处 | 谭鉴荣 | 020-87672470 |
| 省大探中心 | 雷卫延 | 020-87671176 |
| 广州雷达站 | 黎德波 | 020-34764227 |
| 阳江雷达站 | 罗业永 | 0662-3385983 |
| 韶关雷达站 | 刘亚全 | 0751-8738397 |
| 梅州雷达站 | 李源锋 | 0753-2281786 |
| 汕头雷达站 | 吴荣深 | 0754-7374659 |
| 深圳雷达站 | 罗　鸣 | 0755-74825115 |
| 湛江雷达站 | 邝家豪 | 0759-2532186 |
| 河源雷达站 | 梁罗德 | 0762-3189121 |
| 汕尾雷达站 | 黄卫东 | 0660-3410550 |
| 肇庆雷达站 | 钟震美 | 0758-8239206 |
| 珠海雷达站 | 韦汉勇 | 0756-7636008 |

# 附录 2　台风来临前准备工作填报表

检查站点：____________雷达站　检查时间：________年___月___日　应急响应发布时间：________年___月___日

| 台风来临前准备工作填报表 | |
|---|---|
| 1. 雷达整机性能参数检查 | |
| 检查内容：功率、噪声温度、相干性、强度定标、动态范围、波束指向定标 | 结论： |
| 2. 业务计算机及网络检查 | |
| 检查内容：RDA、RPG、PUP、交换机、备份计算机、备份网络 | 结论： |
| 3. 备件、仪表、工具检查 | |
| 检查内容：备件检查、清单打印、工具检查、仪表通电测试 | 结论： |
| 4. UPS 供电系统检查 | |
| 检查内容：切换测试、报警灯查看、输出指标测试、接地检查 | 结论： |
| 5. 市电线路检查 | |
| 检查内容：保险丝、线路老化、安全隐患、开关接触 | 结论： |
| 6. 柴油发电机检查 | |
| 检查内容：自启动功能、蓄电池性能、柴油储备、三滤有效期、接地性能、线路老化 | 结论： |
| 7. 安全用品和生活必需品储备情况 | |
| 检查内容：安全用品储备、生活必需品储备、物资储备情况 | 结论： |
| 8. 机房和门窗检查 | |
| 检查内容：有无渗水、门窗松动、应急处理措施 | 结论： |
| 9. 室外附属设备检查 | |
| 检查内容：空调外机、摄像头、应急处理措施 | 结论： |
| 10. 备注 | |
| | |

# 附录 3　台风过程工作填报表

检查站点：____________雷达站　检查时间：________年___月___日　应急响应发布时间：________年___月___日

| 台风过程工作填报表 | |
|---|---|
| 1. 雷达整机性能参数检查 | |
| 是否正常：______ | 备注：________________________________________ |
| 2. 业务计算机及网络检查 | |
| 是否正常：______ | 备注：________________________________________ |
| 3. 备件、仪表、工具检查 | |
| 是否齐全：______ | 备注：________________________________________ |
| 4. UPS 供电系统检查 | |
| 是否正常：______ | 备注：________________________________________ |
| 5. 市电线路检查 | |
| 是否正常：______ | 备注：________________________________________ |
| 6. 柴油发电机检查 | |
| 是否正常：______ | 备注：________________________________________ |
| 7. 安全用品和生活必需品检查 | |
| 是否齐全：______ | 备注：________________________________________ |
| 8. 机房和门窗检查 | |
| 有无松动：______ | 备注：________________________________________ |
| 9. 室外附属设备检查 | |
| 有无损坏：______ | 备注：________________________________________ |
| 10. 其他说明 | |
| | |

# 附录 4　台风过后总结填报表

检查站点：____________雷达站　检查时间：________年___月___日　应急响应发布时间：________年___月___日

| 台风过后总结填报表 |
| --- |
| 1. 雷达及附属设备损坏情况统计(没有填“无”) |
| |
| 2. 其他设备或建筑物损坏情况统计(没有填“无”) |
| |
| 3. 安全问题总结 |
| |
| 4. 台风过程天气雷达应急保障工作总结 |
| |
| 5. 其他说明 |
| |

# 附录 5　雷达整机性能参数在线检查记录表

检查站点：____________雷达站　　　　　　　　　　　　　　检查时间：________年____月____日

| 项目 | 指标 | 结果 | 参考方法 | 备注 |
|---|---|---|---|---|
| 发射机峰值功率 | ≥650 kW | | cat/opt/rda/log/yyyyMMdd_Status. log \| grephh:mm | |
| 噪声系数 | ≤4. 0 dB | | cat/opt/rda/log/yyyyMMdd_Calibration. log \| grephh:mm<br>噪声温度换算成噪声系数：<br>$N_F=10\lg[T_N/290+1]$ | |
| 相位噪声 | ≤0. 15° | | ls/opt/rda/log/\|grepIQ62<br>cat/opt/rda/log/yyyyMMdd_IQ62. log \| grep"SQUARE ROOT" | |
| 反射率标定 | ±1 dB | | tail-n22/opt/rda/log/RefCalib. txt | |
| 动态范围 | ≥85 dB | | ls/opt/rda/log/\|grepDynTest<br>head-n6/opt/rda/log/DynTest_yy-MM-dd. txt | |
| 太阳法 | ≤0. 3° | | tail-n12/opt/rda/log/SunResult. txt | |

注：上述均为非停机检查项目。建议在台风过后，全面测试雷达各项技术指标，对比台风过程前后主要技术指标的差异。

# 附录 6　雷达系统计算机及网络在线检查记录表

检查站点：____________雷达站　　　　检查时间：________年____月____日

1. 业务计算机系统日志

| 检查位置 | 是否正常 | 异常情况简述 | 参考方法 |
|---|---|---|---|
| RDA 计算机 | | | linux 系统日志位于/var/log/目录下，可使用 grep、cat、more、tail 等命令查看；<br>windows 系统日志查看：在“控制面板”找到“管理工具”里的“事件查看器”。 |
| RPG 计算机 | | | |
| PUP 计算机 | | | |
| 上传计算机 | | | |

2. 业务计算机存储空间

| 检查位置 | 目录/文件大小 | 参考方法 | 备注 |
|---|---|---|---|
| RDA 的/opt/rda/log 目录 | | du -h/opt/rda/ | |
| RPG 的基数据存档目录 | | dir d:\Archive2\ | |
| PUP 的产品存档目录 | | dir e:\RadarProducts\ | |
| RPGCD 软件安装目录 | | dir /s e:\rpgcd\ | |
| PUPC 软件安装目录 | | dir /s e:\pupc\ | |
| RSCTS 软件日志文件 | | dir e:\rscts\log. txt | |

3. 业务软件运行情况

| 名称 | 是否正常 | 异常情况简述 |
|---|---|---|
| RDASC | | |
| UCP | | |
| PUP | | |
| RPGCD | | |
| PUPC | | |
| RSCTS | | |
| TRad | | |

续表

<table>
<tr><td colspan="9">4. 网络质量检查(到资料上传服务器)</td></tr>
<tr><td colspan="2"></td><td>RDA 计算机</td><td colspan="2">RPG 计算机</td><td colspan="2">PUP 计算机</td><td colspan="2">上传计算机</td></tr>
<tr><td rowspan="2">Ping 测试</td><td>平均时延</td><td></td><td colspan="2"></td><td colspan="2"></td><td colspan="2"></td></tr>
<tr><td>丢包率</td><td></td><td colspan="2"></td><td colspan="2"></td><td colspan="2"></td></tr>
<tr><td rowspan="6">路由测试</td><td colspan="3">三层交换机/路由器/防火墙的 IP 地址</td><td colspan="5">三个探测包的响应时间(单位:ms)</td></tr>
<tr><td colspan="3"></td><td colspan="2"></td><td></td><td colspan="2"></td></tr>
<tr><td colspan="3"></td><td colspan="2"></td><td></td><td colspan="2"></td></tr>
<tr><td colspan="3"></td><td colspan="2"></td><td></td><td colspan="2"></td></tr>
<tr><td colspan="3"></td><td colspan="2"></td><td></td><td colspan="2"></td></tr>
<tr><td colspan="3"></td><td colspan="2"></td><td></td><td colspan="2"></td></tr>
<tr><td>备注</td><td colspan="8">没有独立设置上传计算机、采用其他传输软件等特殊情况,请在此说明。</td></tr>
</table>

# 附录 7　雷达整机性能参数检查方法

## 7.1　发射机峰值功率

指标要求：脉冲峰值功率≥650 kW。

参考检查方法：

(1)在 RCW 的 Performance 菜单下的 Transmitter1 选项卡查看最新时次体扫的发射机峰值功率；

(2)在/opt/rda/log/yyyyMMdd_Status. log 路径打开文件查看特定日期的发射机峰值功率；

(3)使用命令 cat/opt/rda/log/yyyyMMdd_Status. log | grephh:mm 查看特定日期、特定体扫的发射机峰值功率，见附图 7-1。

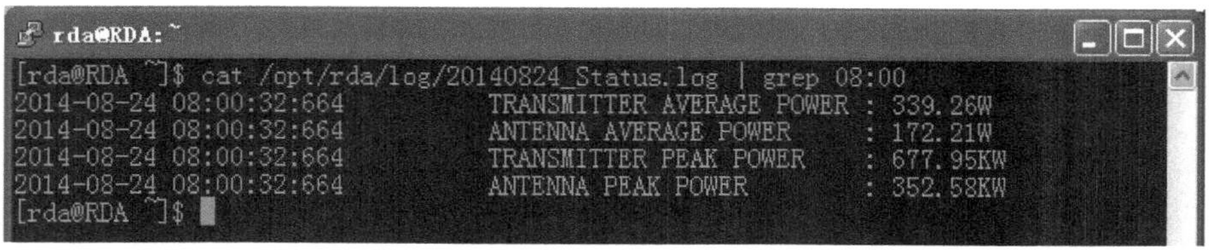

```
rda@RDA:~
[rda@RDA ~]$ cat /opt/rda/log/20140824_Status.log | grep 08:00
2014-08-24 08:00:32:664          TRANSMITTER AVERAGE POWER  : 339.26W
2014-08-24 08:00:32:664          ANTENNA AVERAGE POWER      : 172.21W
2014-08-24 08:00:32:664          TRANSMITTER PEAK POWER     : 677.95KW
2014-08-24 08:00:32:664          ANTENNA PEAK POWER         : 352.58KW
[rda@RDA ~]$
```

附图 7-1

## 7.2　噪声温度/噪声系数

指标要求：A/D 后接收机噪声系数≤4.0 dB。

噪声温度($T_N$)与噪声系数($N_F$)的换算公式为：$N_F=10\lg[T_N/290+1]$。

参考检查方法：

(1)在 RCW 的 Performance 菜单下的 Receiver/SP 选项卡查看最新时次的系统噪声温度；

(2)在/opt/rda/log/yyyyMMdd_Calibration. log 路径打开文件查看特定日期的系统噪声温度；

(3)使用命令 cat/opt/rda/log/yyyyMMdd_Calibration. log | grephh:mm 查看特定日期、特定体扫的系统噪声温度，见附图 7-2。

```
rda@RDA:~
[rda@RDA ~]$ cat /opt/rda/log/20140824_Calibration.log | grep 13:59
2014-08-24 13:59:35:220     SHORT PULSE NOISE =  0.000000506661   RAW NOISE =  0.
000000499247
2014-08-24 13:59:36:181     SYSTEM NOISE TEMPERATURE =      319.952
2014-08-24 13:59:36:181     COLD NOISE =   -63.26  HOT NOISE =  -36.42
2014-08-24 13:59:36:678     SHORT PULSE NOISE =  0.000000510899   RAW NOISE =  0.
000000511975
2014-08-24 13:59:40:377   CW and RFD REFLECTIVITY:
2014-08-24 13:59:40:377              CW   MEASURED =  47.00     CW   EXPECTED =  4
6.78
2014-08-24 13:59:40:377              RFD1 MEASURED =  20.00     RFD1 EXPECTED =  2
0.15
2014-08-24 13:59:40:377              RFD2 MEASURED =  32.00     RFD2 EXPECTED =  3
2.15
2014-08-24 13:59:40:377              RFD3 MEASURED =  60.00     RFD3 EXPECTED =  6
0.15
2014-08-24 13:59:40:378     SHORT PULSE SYSCAL =  17.71
2014-08-24 13:59:40:378   PHASE and VELOCITY:
2014-08-24 13:59:40:378              VEL4   MEASURED = -17.50   VEL4   EXPECTED =
-17.50
2014-08-24 13:59:40:378              WIDTH4 MEASURED =   3.50   WIDTH4 EXPECTED =
  3.55
[rda@RDA ~]$
```

附图 7-2

# 7.3　系统相干性

指标要求：S 波段 CINRAD 雷达系统相位噪声≤0.15°。

当 $\sigma_\varphi < 5°$ 时，可近似的用来估算系统的地物对消能力，其转换公式为：

$$L = -20\lg(\sin\sigma_\varphi)$$

式中：$L$ 表示地物对消能力(单位：dB)；$\sigma_\varphi$ 表示相位噪声(单位：°)。

参考检查方法：

(1)在/opt/rda/log/yyyyMMdd_IQ62.log 路径打开文件查看特定日期的相位噪声；

(2)使用命令 ls/opt/rda/log/ | grep IQ62 查看所有相位噪声记录文件，然后使用命令 cat/opt/rda/log/yyyyMMdd_IQ62.log | grep"SQUARE ROOT"查看特定日期的相位噪声，见附图 7-3。

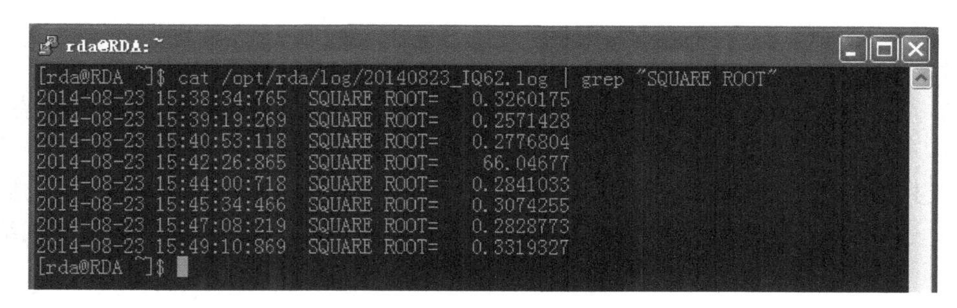

```
rda@RDA:~
[rda@RDA ~]$ cat /opt/rda/log/20140823_IQ62.log | grep "SQUARE ROOT"
2014-08-23 15:38:34:765  SQUARE ROOT=   0.3260175
2014-08-23 15:39:19:269  SQUARE ROOT=   0.2571428
2014-08-23 15:40:53:118  SQUARE ROOT=   0.2776804
2014-08-23 15:42:26:865  SQUARE ROOT=    66.04677
2014-08-23 15:44:00:718  SQUARE ROOT=   0.2841033
2014-08-23 15:45:34:466  SQUARE ROOT=   0.3074255
2014-08-23 15:47:08:219  SQUARE ROOT=   0.2828773
2014-08-23 15:49:10:869  SQUARE ROOT=   0.3319327
[rda@RDA ~]$
```

附图 7-3

# 7.4 回波强度定标

指标要求：回波强度测量值与注入信号计算回波强度测量值的最大差值应在±1 dB 范围内。

参考检查方法：

(1)在/opt/rda/log/RefCalib. txt 路径打开文件查看所有反射率定标结果；

(2)使用命令 tail -n 22/opt/rda/log/RefCalib. txt 查看最新反射率定标结果，见附图 7-4。

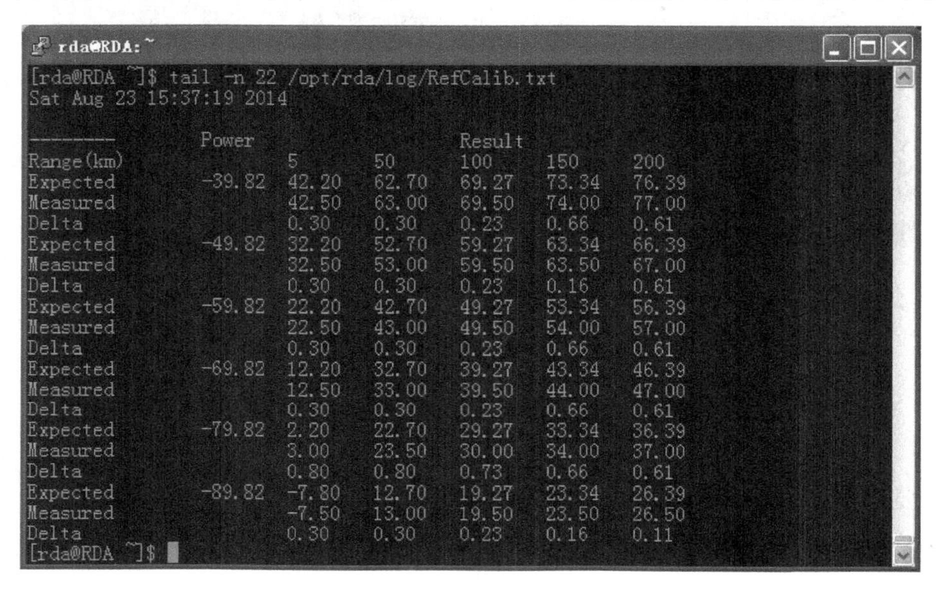

```
rda@RDA:~
[rda@RDA ~]$ tail -n 22 /opt/rda/log/RefCalib.txt
Sat Aug 23 15:37:19 2014

---------      Power              Result
Range(km)              5      50      100     150     200
Expected       -39.82  42.20   62.70   69.27   73.34   76.39
Measured               42.50   63.00   69.50   74.00   77.00
Delta                  0.30    0.30    0.23    0.66    0.61
Expected       -49.82  32.20   52.70   59.27   63.34   66.39
Measured               32.50   53.00   59.50   63.50   67.00
Delta                  0.30    0.30    0.23    0.16    0.61
Expected       -59.82  22.20   42.70   49.27   53.34   56.39
Measured               22.50   43.00   49.50   54.00   57.00
Delta                  0.30    0.30    0.23    0.66    0.61
Expected       -69.82  12.20   32.70   39.27   43.34   46.39
Measured               12.50   33.00   39.50   44.00   47.00
Delta                  0.30    0.30    0.23    0.66    0.61
Expected       -79.82  2.20    22.70   29.27   33.34   36.39
Measured               3.00    23.50   30.00   34.00   37.00
Delta                  0.80    0.80    0.73    0.66    0.61
Expected       -89.82  -7.80   12.70   19.27   23.34   26.39
Measured               -7.50   13.00   19.50   23.50   26.50
Delta                  0.30    0.30    0.23    0.16    0.11
[rda@RDA ~]$
```

附图 7-4

# 7.5 动态范围

指标要求：接收系统的动态范围≥85 dB，拟合直线斜率应在 1±0. 015 范围内，线性拟合均方根误差≤0. 5 dB。

参考检查方法：

(1)在/opt/rda/log/DynTest_yy-MM-dd. txt 路径打开文件查看特定日期的动态范围测试结果；

(2)使用命令 ls/opt/rda/log/ | grepDynTest 查看所有动态范围测试记录文件，然后使用命令 head -n 6/opt/rda/log/DynTest_yy-MM-dd. txt 查看特定日期的动态范围测试结果，见附图 7-5。

```
rda@RDA:~
[rda@RDA ~]$ head -n 6 /opt/rda/log/DynTest_14-08-23.txt

Time:14-08-23 15:36:18
Dynamic Range : 91
Slope: 1.0000
DynStart: -18
DynEnd: -109
[rda@RDA ~]$
```

附图 7-5

# 7.6　雷达波束指向定标

指标要求：雷达波束指向定标误差≤0.3°。

参考检查方法：

(1)在/opt/rda/log/SunResult.txt 路径打开文件查看所有太阳法定标结果；

(2)使用命令 tail -n 12/opt/rda/log/SunResult.txt 查看最新太阳法定标结果，见附图 7-6。

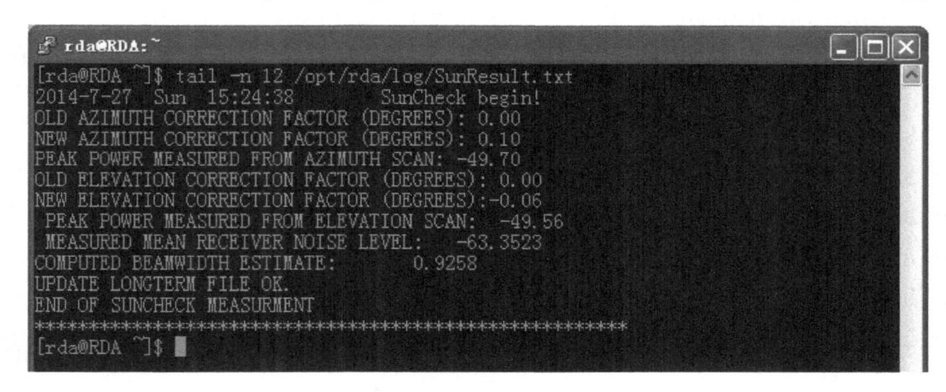

```
rda@RDA:~
[rda@RDA ~]$ tail -n 12 /opt/rda/log/SunResult.txt
2014-7-27  Sun  15:24:38        SunCheck begin!
OLD AZIMUTH CORRECTION FACTOR (DEGREES): 0.00
NEW AZIMUTH CORRECTION FACTOR (DEGREES): 0.10
PEAK POWER MEASURED FROM AZIMUTH SCAN: -49.70
OLD ELEVATION CORRECTION FACTOR (DEGREES): 0.00
NEW ELEVATION CORRECTION FACTOR (DEGREES):-0.06
 PEAK POWER MEASURED FROM ELEVATION SCAN:  -49.56
 MEASURED MEAN RECEIVER NOISE LEVEL:   -63.3523
COMPUTED BEAMWIDTH ESTIMATE:        0.9258
UPDATE LONGTERM FILE OK.
END OF SUNCHECK MEASURMENT
*******************************************************
[rda@RDA ~]$
```

附图 7-6

# 附录8　雷达系统计算机及网络检查方法

## 8.1　业务计算机系统日志

主要检查RDA、RPG、PUP等业务计算机系统日志情况。

linux系统日志存放在/var/log/目录下，需要使用root权限查看。可以灵活使用grep、cat、more、less、head、tail等命令查看。

/var/log/messages——包括整体系统信息，其中也包含系统启动期间的日志。此外，mail、cron、daemon、kern和auth等内容也记录在var/log/messages日志中。

/var/log/dmesg——包含内核缓冲信息(kernel ring buffer)。在系统启动时，会在屏幕上显示许多与硬件有关的信息。可以用dmesg查看它们。

/var/log/auth. log——包含系统授权信息，包括用户登录和使用的权限机制等。

/var/log/boot. log——包含系统启动时的日志。

/var/log/daemon. log——包含各种系统后台守护进程日志信息。

/var/log/dpkg. log——包括安装或dpkg命令清除软件包的日志。

/var/log/kern. log——包含内核产生的日志，有助于在定制内核时解决问题。

/var/log/yum. log——包含使用yum安装的软件包信息。

/var/log/cron——每当cron进程开始一个工作时，就会将相关信息记录在这个文件中。

/var/log/samba/——包含由samba存储的信息。

使用last命令查看登录日志，发现未授权的非法登录。

windows系统日志查看方法：在“控制面板”找到“管理工具”里的“事件查看器”，或者使用eventvwr命令打开“事件查看器”，里面有应用程序日志、安全性日志、系统日志等，可以使用筛选器找到感兴趣的内容或者过滤掉不需要的信息，见附图8-1。

附图8-1

## 8.2　业务计算机存储空间

建议使用命令查看，避免图形界面查看时由于文件数目过大，操作系统出现无响应的假死症状。

使用命令 du/opt/rda/ | sort -n 或 du -h/opt/rda/查看 rda 总体文件使用情况，重点关注/opt/rda/log 目录大小。见附图 8-2、附图 8-3。

```
rda@RDA:~
23928     /opt/rda/backup_RadarMonitor/2014/08
25252     /opt/rda/backup_RadarMonitor/2014/02
27804     /opt/rda/backup_RadarMonitor/2014/04
28368     /opt/rda/backup_RadarMonitor/2013/09
29788     /opt/rda/backup_RadarMonitor/2014/06
30204     /opt/rda/backup_RadarMonitor/2013/08
30348     /opt/rda/backup_RadarMonitor/2014/07
30376     /opt/rda/backup_RadarMonitor/2014/05
30452     /opt/rda/backup_RadarMonitor/2014/03
31424     /opt/rda/backup_RadarMonitor/2013/10
35916     /opt/rda/backup_RadarMonitor/2013/11
47732     /opt/rda/backup_RadarMonitor/2014/01
51520     /opt/rda/teamviewer7/.wine/lib/wine
52732     /opt/rda/teamviewer7/.wine/lib
74768     /opt/rda/teamviewer7/.wine
84216     /opt/rda/teamviewer7
151808    /opt/rda/backup_RadarMonitor/2013
245684    /opt/rda/backup_RadarMonitor/2014
397496    /opt/rda/backup_RadarMonitor
1891696 /opt/rda/Backup_logfile
16684464        /opt/rda/log
19123760        /opt/rda/
[rda@RDA ~]$ du /opt/rda/ | sort -n
```

附图 8-2

```
rda@RDA:~
284K    /opt/rda/backup_RadarMonitor/2013/10/23
976K    /opt/rda/backup_RadarMonitor/2013/10/08
980K    /opt/rda/backup_RadarMonitor/2013/10/10
976K    /opt/rda/backup_RadarMonitor/2013/10/01
344K    /opt/rda/backup_RadarMonitor/2013/10/25
500K    /opt/rda/backup_RadarMonitor/2013/10/26
3.8M    /opt/rda/backup_RadarMonitor/2013/10/17
608K    /opt/rda/backup_RadarMonitor/2013/10/05
596K    /opt/rda/backup_RadarMonitor/2013/10/06
3.7M    /opt/rda/backup_RadarMonitor/2013/10/16
1.7M    /opt/rda/backup_RadarMonitor/2013/10/14
980K    /opt/rda/backup_RadarMonitor/2013/10/02
31M     /opt/rda/backup_RadarMonitor/2013/10
149M    /opt/rda/backup_RadarMonitor/2013
389M    /opt/rda/backup_RadarMonitor
10M     /opt/rda/bin
4.0K    /opt/rda/config/tasks
184K    /opt/rda/config
1.9G    /opt/rda/Backup_logfile
3.8M    /opt/rda/RDA_man
16G     /opt/rda/log
19G     /opt/rda/
[rda@RDA ~]$ du -h /opt/rda/
```

附图 8-3

使用命令 dir d:\Archive2\查看基数据存档目录文件数目、占用磁盘空间、剩余可用磁盘空间。

使用命令 dir d:\Products\查看产品实时存储目录文件数目、占用磁盘空间、剩余可用磁盘空间。

使用命令 dir d:\gif\查看 PUP 产品用户的 gif 文件数目、占用磁盘空间、剩余可用磁盘空间。

使用命令 dir d:\upload\查看 PUP 产品用户的 21 种考核产品文件数目、占用磁盘空间、剩余可用磁盘空间。

使用命令 dir e:\RadarProducts\查看产品存档目录文件数目、占用磁盘空间、剩余可用磁盘空间。

使用命令 dir /s e:\rpgcd\查看 RPGCD 软件安装目录文件数目、占用磁盘空间、剩余可用磁盘空间。

使用命令 dir /s e:\pupc\查看 PUPC 软件安装目录文件数目、占用磁盘空间、剩余可用磁盘空间。

使用命令 dir e:\rscts\log. txt 查看 RSCTS 软件日志文件大小。

使用命令 dir /s e:\trad\查看 TRad 软件安装目录文件数目、占用磁盘空间、剩余可用磁盘空间。

使用 du 或者 dir 命令查看 log 文件备份目录、RPGCD 备份基数据目录、PUPC 备份产品目录等其他业务使用的目录。

发现文件数目过多、占用磁盘空间过大或者剩余可用磁盘空间过小时，及时备份和删除文件。

## 8.3 业务软件运行情况

检查 RDASC 的时间同步设置、宽带连接设置、同步扫描设置、samba 服务等是否正常。

检查 UCP 站点信息设置、宽带连接配置文件（wbcomm. ini）、窄带连接配置文件（nbcomm. ini）等是否正常。基数据上传软件不在 RPG 计算机的，检查相应共享设置是否正常。检查 RPG 计算机时间同步功能是否正常。

检查 PUP 产品用户设置，包括考核的 21 种产品和上传省局内网的 gif 图，确保正常生成 21 种考核产品和 gif 图。检查窄带连接配置文件（nbcomm. ini）是否正常。产品上传软件或者 gif 图上传软件不在 PUP 计算机的，检查相应共享设置是否正常。检查 PUP 计算机时间同步功能是否正常。

检查考核资料上传软件（rpgcd、pupc、rscts 为例），主要包括服务器地址、端口、用户名、密码、源路径、主服务器路径、时间间隔、站点信息等。检查程序安装目录、源目录的文件数量和占用磁盘空间。检查程序日志，查看资料传输是否正常。

使用命令 dir /o:d e:\rpgcd | findstr RUN. LOG 找到需要查看的日志文件，然后使用命令 type e:\rpgcd\2014-8-25-6-32-2-RUN. LOG 检查 RPGCD 传输日志。RPGCD 正常退出时以退出时间命名日志文件，非正常退出时日志文件丢失。

使用命令 dir /o:d e:\pupc | findstr RUN. LOG 找到需要查看的日志文件，然后使用命

令 type e:\pupc\2014-8-9-6-32-1-RUN. LOG 检查 PUPC 传输日志。PUPC 正常退出时以退出时间命名日志文件，非正常退出时日志文件丢失。

使用命令 type e:\rscts\log. txt 检查 RSCTS 传输日志。RSCTS 实时追加日志信息到该文件，长时间运行后日志文件超大。

如果显示中文乱码，使用命令 chcp 65001 换成 UTF-8 代码页，然后在命令行标题栏上点击右键，选择“属性” → “字体”，将字体修改为 True Type 字体“Lucida Console”，然后点击确定将属性应用到当前窗口。见附图 8-4。

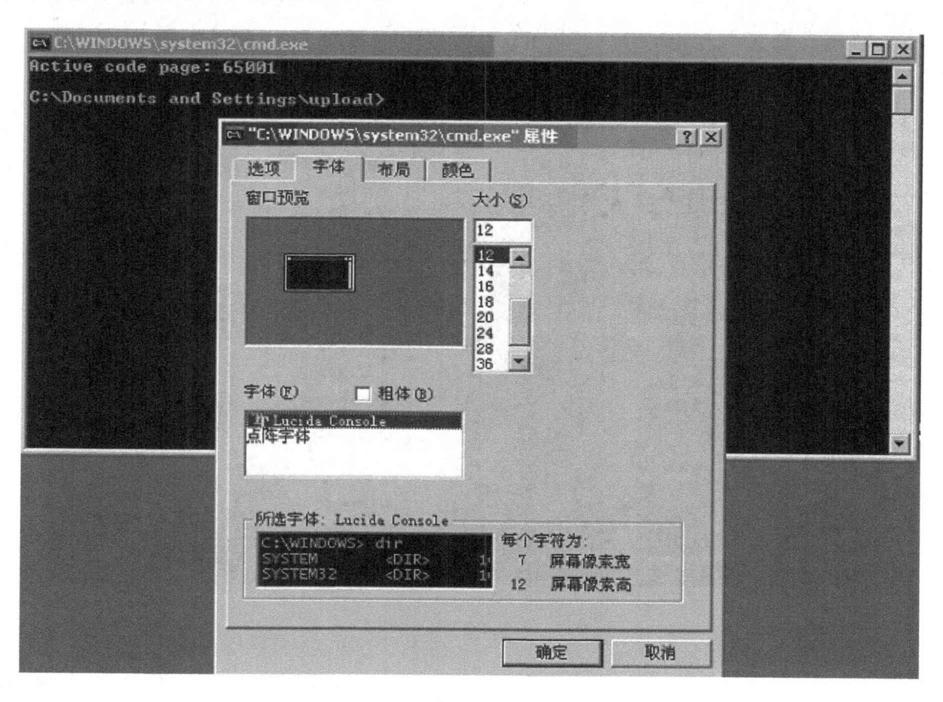


附图 8-4

检查拼图产品上传软件(trad 为例)，主要包括站点信息、时钟、上传代码、资料路径、服务器 IP、用户名、密码、上传目录、计划任务设置等。

检查省局监控软件，进入大气探测设备全网监控平台(http://172.22.1.115)查看是否正常。

检查业务网 gif 图，进入广东省气象局业务网(http://10.148.8.228)里面的“综合观测/遥感遥测/天气雷达”菜单下检查各种雷达产品是否正常。

检查 ASOM 系统(http://10.1.64.39:7001)是否能正常使用。检查负载均衡的其他可用 IP 地址(如 http://10.1.64.24:7001、http://10.1.64.25:7001 等)是否可用。

检查本站特有的监控、报警系统运行情况。

## 8.4　网络检查

主要包括检查站内局域网交换机/路由器工作状态、雷达资料上传路径的路由状态、网络连接质量等。

本机网络连接信息检查：包括网卡 MAC 地址、IP 地址、子网掩码、缺省路由、DNS 服务器等。

在 windows 系统使用命令 ipconfig /all，见附图 8-5。

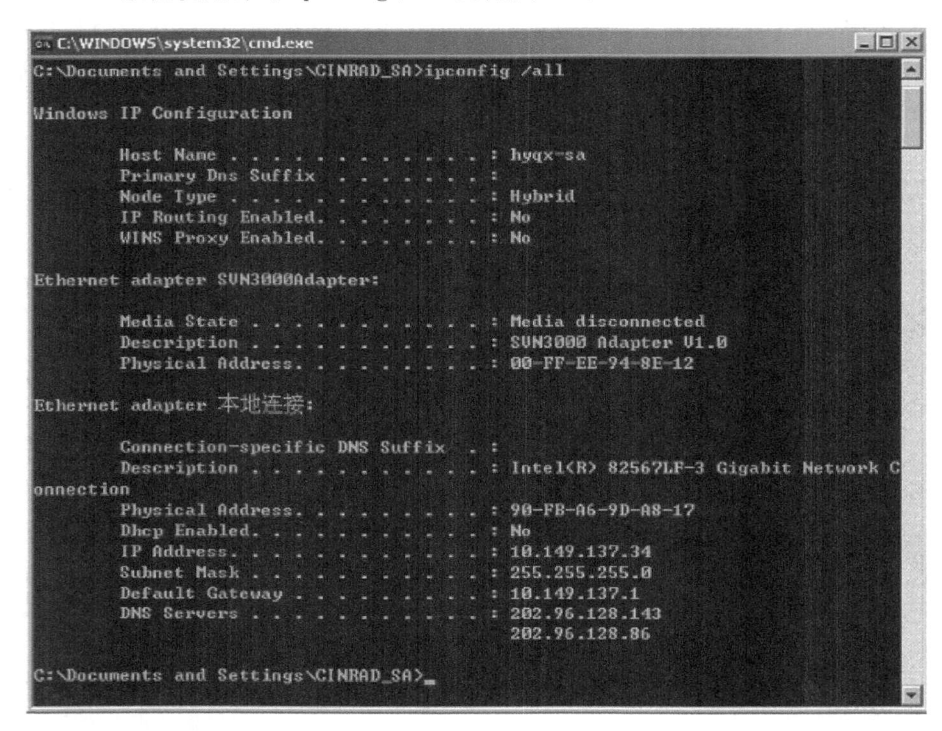

```
C:\WINDOWS\system32\cmd.exe
C:\Documents and Settings\CINRAD_SA>ipconfig /all

Windows IP Configuration

        Host Name . . . . . . . . . . . . : hyqx-sa
        Primary Dns Suffix  . . . . . . . :
        Node Type . . . . . . . . . . . . : Hybrid
        IP Routing Enabled. . . . . . . . : No
        WINS Proxy Enabled. . . . . . . . : No

Ethernet adapter SVN3000Adapter:

        Media State . . . . . . . . . . . : Media disconnected
        Description . . . . . . . . . . . : SVN3000 Adapter V1.0
        Physical Address. . . . . . . . . : 00-FF-EE-94-8E-12

Ethernet adapter 本地连接:

        Connection-specific DNS Suffix  . :
        Description . . . . . . . . . . . : Intel(R) 82567LF-3 Gigabit Network C
onnection
        Physical Address. . . . . . . . . : 90-FB-A6-9D-A8-17
        Dhcp Enabled. . . . . . . . . . . : No
        IP Address. . . . . . . . . . . . : 10.149.137.34
        Subnet Mask . . . . . . . . . . . : 255.255.255.0
        Default Gateway . . . . . . . . . : 10.149.137.1
        DNS Servers . . . . . . . . . . . : 202.96.128.143
                                            202.96.128.86

C:\Documents and Settings\CINRAD_SA>_
```

附图 8-5

在 linux 系统使用/sbin/ifconfig、/sbin/route、cat/etc/resolv. conf 这 3 条命令，见附图 8-6、附图 8-7、附图 8-8。

```
rda@RDA:~
[rda@RDA ~]$ /sbin/ifconfig
eth0      Link encap:Ethernet  HWaddr 00:22:19:07:D8:91
          inet addr:10.149.159.51  Bcast:10.149.159.55  Mask:255.255.255.248
          UP BROADCAST RUNNING MULTICAST  MTU:1500  Metric:1
          RX packets:5060031 errors:0 dropped:0 overruns:0 frame:0
          TX packets:7043155 errors:0 dropped:0 overruns:0 carrier:0
          collisions:0 txqueuelen:1000
          RX bytes:441268231 (420.8 MiB)  TX bytes:2259716901 (2.1 GiB)
          Interrupt:177 Memory:f9ef0000-f9f00000

lo        Link encap:Local Loopback
          inet addr:127.0.0.1  Mask:255.0.0.0
          UP LOOPBACK RUNNING  MTU:16436  Metric:1
          RX packets:44803637 errors:0 dropped:0 overruns:0 frame:0
          TX packets:44803637 errors:0 dropped:0 overruns:0 carrier:0
          collisions:0 txqueuelen:0
          RX bytes:1169778092 (1.0 GiB)  TX bytes:1169778092 (1.0 GiB)

[rda@RDA ~]$
```

附图 8-6

```
rda@RDA:~
[rda@RDA ~]$ /sbin/route
Kernel IP routing table
Destination     Gateway         Genmask         Flags Metric Ref    Use Iface
10.149.159.48   *               255.255.255.248 U     0      0        0 eth0
169.254.0.0     *               255.255.0.0     U     0      0        0 eth0
default         10.149.159.49   0.0.0.0         UG    0      0        0 eth0
[rda@RDA ~]$
```

附图 8-7

rda@RDA:~
[rda@RDA ~]$ cat /etc/resolv.conf
nameserver 202.96.128.86
nameserver 202.96.128.143
[rda@RDA ~]$

附图 8-8

Ping 测试:包括测试时间、最小延时、最大延时、平均延时、丢包率、测试数据包大小、测试次数、测试目的 IP 等,见附图 8-9、附图 8-10。

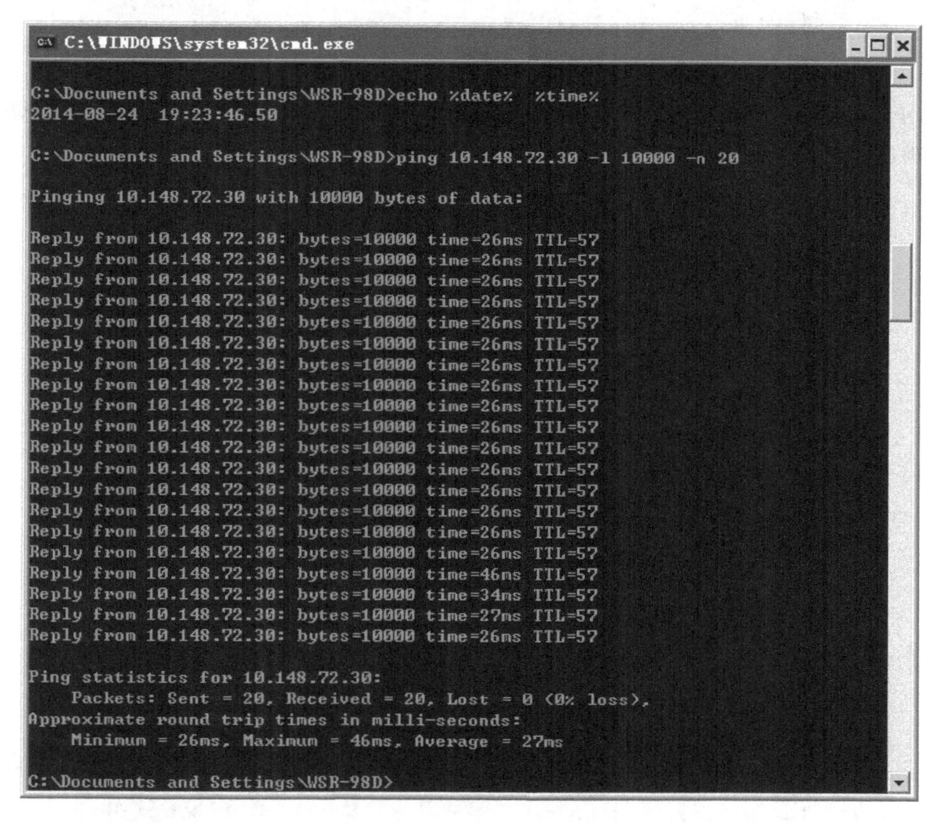
C:\WINDOWS\system32\cmd.exe
C:\Documents and Settings\WSR-98D>echo %date% %time%
2014-08-24 19:23:46.50
C:\Documents and Settings\WSR-98D>ping 10.148.72.30 -l 10000 -n 20
Pinging 10.148.72.30 with 10000 bytes of data:
Reply from 10.148.72.30: bytes=10000 time=26ms TTL=57
Reply from 10.148.72.30: bytes=10000 time=26ms TTL=57
Reply from 10.148.72.30: bytes=10000 time=26ms TTL=57
Reply from 10.148.72.30: bytes=10000 time=26ms TTL=57
Reply from 10.148.72.30: bytes=10000 time=26ms TTL=57
Reply from 10.148.72.30: bytes=10000 time=26ms TTL=57
Reply from 10.148.72.30: bytes=10000 time=26ms TTL=57
Reply from 10.148.72.30: bytes=10000 time=26ms TTL=57
Reply from 10.148.72.30: bytes=10000 time=26ms TTL=57
Reply from 10.148.72.30: bytes=10000 time=26ms TTL=57
Reply from 10.148.72.30: bytes=10000 time=26ms TTL=57
Reply from 10.148.72.30: bytes=10000 time=26ms TTL=57
Reply from 10.148.72.30: bytes=10000 time=26ms TTL=57
Reply from 10.148.72.30: bytes=10000 time=26ms TTL=57
Reply from 10.148.72.30: bytes=10000 time=26ms TTL=57
Reply from 10.148.72.30: bytes=10000 time=26ms TTL=57
Reply from 10.148.72.30: bytes=10000 time=46ms TTL=57
Reply from 10.148.72.30: bytes=10000 time=34ms TTL=57
Reply from 10.148.72.30: bytes=10000 time=27ms TTL=57
Reply from 10.148.72.30: bytes=10000 time=26ms TTL=57
Ping statistics for 10.148.72.30:
Packets: Sent = 20, Received = 20, Lost = 0 (0% loss),
Approximate round trip times in milli-seconds:
Minimum = 26ms, Maximum = 46ms, Average = 27ms
C:\Documents and Settings\WSR-98D>

附图 8-9

```
rda@RDA:~
[rda@RDA ~]$ date
Sun Aug 24 19:52:44 CST 2014
[rda@RDA ~]$ ping 10.148.72.30 -s 10000 -c 20
PING 10.148.72.30 (10.148.72.30) 10000(10028) bytes of data.
10008 bytes from 10.148.72.30: icmp_seq=1 ttl=57 time=25.6 ms
10008 bytes from 10.148.72.30: icmp_seq=2 ttl=57 time=25.5 ms
10008 bytes from 10.148.72.30: icmp_seq=3 ttl=57 time=25.5 ms
10008 bytes from 10.148.72.30: icmp_seq=4 ttl=57 time=25.5 ms
10008 bytes from 10.148.72.30: icmp_seq=5 ttl=57 time=25.8 ms
10008 bytes from 10.148.72.30: icmp_seq=6 ttl=57 time=25.6 ms
10008 bytes from 10.148.72.30: icmp_seq=7 ttl=57 time=25.5 ms
10008 bytes from 10.148.72.30: icmp_seq=8 ttl=57 time=25.7 ms
10008 bytes from 10.148.72.30: icmp_seq=9 ttl=57 time=25.5 ms
10008 bytes from 10.148.72.30: icmp_seq=10 ttl=57 time=25.7 ms
10008 bytes from 10.148.72.30: icmp_seq=11 ttl=57 time=25.6 ms
10008 bytes from 10.148.72.30: icmp_seq=12 ttl=57 time=25.6 ms
10008 bytes from 10.148.72.30: icmp_seq=13 ttl=57 time=25.5 ms
10008 bytes from 10.148.72.30: icmp_seq=14 ttl=57 time=25.6 ms
10008 bytes from 10.148.72.30: icmp_seq=15 ttl=57 time=25.7 ms
10008 bytes from 10.148.72.30: icmp_seq=16 ttl=57 time=25.7 ms
10008 bytes from 10.148.72.30: icmp_seq=17 ttl=57 time=25.7 ms
10008 bytes from 10.148.72.30: icmp_seq=18 ttl=57 time=25.7 ms
10008 bytes from 10.148.72.30: icmp_seq=19 ttl=57 time=25.7 ms
10008 bytes from 10.148.72.30: icmp_seq=20 ttl=57 time=25.6 ms

--- 10.148.72.30 ping statistics ---
20 packets transmitted, 20 received, 0% packet loss, time 19006ms
rtt min/avg/max/mdev = 25.541/25.663/25.837/0.224 ms
[rda@RDA ~]$
```

附图 8-10

Tracert 测试：包括路由跳数、三个探测包的响应时间、各三层交换机/路由器/防火墙的IP 地址、测试目的 IP、测试时间等，见附图 8-11、附图 8-12。

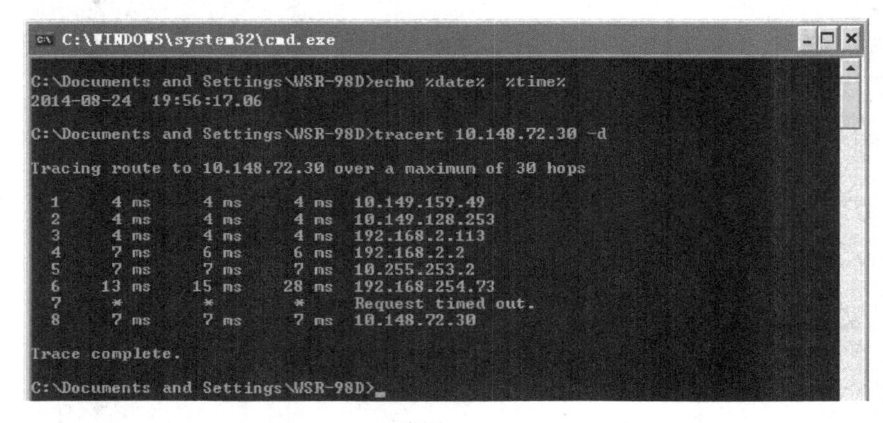


附图 8-11

```
rda@RDA:~
[rda@RDA ~]$ date
Sun Aug 24 19:56:42 CST 2014
[rda@RDA ~]$ traceroute 10.148.72.30 -n
traceroute to 10.148.72.30 (10.148.72.30), 30 hops max, 40 byte packets
 1  10.149.159.49  4.407 ms  4.664 ms  4.832 ms
 2  10.149.128.253  4.302 ms  4.528 ms  4.576 ms
 3  192.168.2.113  5.236 ms  5.327 ms  5.438 ms
 4  192.168.2.2  7.700 ms  8.306 ms  8.405 ms
 5  10.255.253.2  8.453 ms  8.500 ms  8.548 ms
 6  192.168.254.73  9.059 ms  8.250 ms  8.126 ms
 7  10.148.72.30  7.499 ms  7.351 ms  7.351 ms
[rda@RDA ~]$
```

附图 8-12